我的编织手账

KNITTING & CROCHET

李森　舒舒　子衿　编

河南科学技术出版社

· 郑州 ·

李 森

毕业于北京大学中文系古典文献专业，从事古籍整理工作几十年。现专职编织创作与教学。

师从台湾编织名师张金兰，就读日本宝库社（中国）第一届编织指导员班，以第一名的成绩毕业，获日本手艺普及协会棒针、钩针编织指导员资格。日本手艺普及协会指导员会员（会员编号 1601586）。2017 年研修日本宝库社 AI 编织制图课程。

擅长棒针、钩针、阿富汗针、梭编，独创象形文字编织。

2017 年 5 月创办“皆外手编教室”。该教室为日本手艺普及协会认定教室，常年招生，主要教授日本手艺普及协会 VOGUE 系统编织（棒针、钩针）课程，兼开设各种专题课。

教室地址：北京市朝阳区将台西路

微信号：zhijiangugu

谢向珊

笔名舒舒，1987 年出生于钩花之乡潮州，毕业于华南师范大学外国语言文化学院。

2016 年创办“舒编舒译工作室”，常年开设各种棒针及钩针编织专题课。擅长外文编织技巧翻译，已翻译出版多本编织图书，代表译作《欧洲编织》《唯美手编》及《精美绝伦的居家毛毯钩织》。

师从台湾编织名师张金兰，就读日本宝库社（中国）第一届编织指导员班。获日本手艺普及协会棒针、钩针编织讲师资格。2017 年研修日本宝库社 AI 编织制图课程。日本手艺普及协会讲师会员（会员编号 1601612）、日本手鞠协会会员（会员编号 2102）。

教室地址：广州市天河区马场路

微信号：xxsknits

顾嬿婕

笔名子衿，1968 年 9 月出生，大学本科学历。

2013 年创办“子衿手编工作室”，该教室为日本手艺普及协会认定教室，专职编织教学，现已形成从基础入门到进阶到编织高阶课程的线下授课完整体系和单品课程网络教学体系。

师从张博蔚、张金兰。就读日本宝库社（中国）第一届编织指导员班。获日本手艺普及协会棒针、钩针编织指导员资格。日本手艺普及协会指导员会员（会员编号 1601595）。2017 年研修日本宝库社 AI 编织制图课程。

2014 年日本编织大师志田瞳来华讲习时担任助教。2017 年随世界编织王子广濑光治学习棒针、钩针花样设计课程。自创钩针整花一线连特殊技法。

教室地址：上海静安区新闸路

微信号：zjknit

目　录

KNITTING & CROCHET

前　言

爱好手工编织的你，是否经常遇到以下问题：

场景一：

每次开织毛衣，心里对尺寸都没底，要是有个标准的身材尺寸参考就好了。

场景二：

打开一本编织书，上面的符号不能完全看懂，要是有个简明符号参考就好了。

场景三：

不同国家的棒针和钩针针号规格不一，具体的数字记不准确，总让人抓狂，要是有个比较全面的针号查询表就好了。

场景四：

欧美的编织说明看似简短，每一句都含有大量的信息，可惜一般字典上查不出来，要是有个简便的编织术语释义表和缩略语表就好了。

场景五：

每次看见好看的款式心里就默默长草，然而线都准备好了，却一直没排上日程，时间久了还会忘记，要是有个表格能帮自己整理这些待编织的作品清单就好了。

场景六：

想对编织过程做个记录，却找不到方便绘制图解的本子，只做简单的笔记总觉得又缺了什么，零散的文字也不便于整理。

…………

凝聚在每一件织物里的，是占据我们相当一段时间的生命旅程，更是自己当时丰富而细腻的心愿的投射。

从起针到收针，一寸寸毛线在指尖是那么匆匆而确切地滑过，一行行的织物在手中是那么忐忑而惊喜地成长——纯手工完成的作品，就像是自己十月怀胎分娩的宝宝，让人怎能不爱它们?

每一件手工编织的作品，都值得认真记录!

一本专为编织人定制的实用手账因此诞生!

它带有工具书功能，便于查询常见的编织符号、术语、针号和翻译释义等。

它拥有方便的记录模板，可供你条理清晰地记录编织过程的完整信息。

它的页面由点阵组成，方便你绘制自己的编织图解，活页的装帧可供你灵活调整页码。

遇见让你垂涎却来不及编织的美品，可以暂时放进长草清单，存下这一刻的心动。

这本手账将会陪伴着你，记下你与编织的点点滴滴，留下美好而珍贵的回忆。

舒 舒

2017.11.6. 于北京

那一年，我恋上编织！

我喜欢被称呼为：

请这样联系我：

手账启动日期：

标准身材规格尺寸表

（单位：厘米）

名　称	儿　童（5~6岁）	女　性（中号）	男　性（中号）
头　围	50~51	56	57
颈　围	28~30	33~36	36~39
后领深	1	1.5	1.5
斜　肩	2	4	4
肩　宽	26	35	42
胸　围	58~60	84	92
腰　围	58~60	64	74
背　长	24~25	37	45
袖　长	32	50	55
臂根围	26	34	40
臂　围	22	28	31
肘　围	16	22	26
腕　围	13	16	18
掌　围	14	20	22
腰下长	12	18	21
臀　围	58~60	92	88

常见编织符号与编织术语
汉日对照参考表

钩 针

编织符号	中文编织术语	日文编织术语
基本针法		
	锁　针	鎖編み目
	引拔针	引き抜き編み目
短　针		
	短　针	細編み目
	短针的棱针	細編みのうね編み目
	短针的条纹针	細編みのすじ編み目
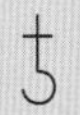	短针的正拉针	細編みの表引き上げ編み目
	短针的反拉针	細編みの裏引き上げ編み目
	1针放2针短针	細編み２目編み入れる
	1针放3针短针	細編み３目編み入れる

（续表）

编织符号	中文编织术语	日文编织术语
	2针短针并1针	細編み２目一度
	3针短针并1针	細編み３目一度
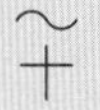	反短针	バッグ細編み目
	扭短针	ねじり細編み目
中长针		
	中长针	中長編み目
	中长针的棱针	中長編みのうね編み
	中长针的正拉针	中長編みの表引き上げ編み目
	中长针的反拉针	中長編みの裏引き上げ編み目
	3针中长针的枣形针	中長編み３目の玉編み目
	5针中长针的爆米花针	中長編み５目のパプコーン編み目
	1针放2针中长针	中長編み２目編み入れる
	1针放3针中长针	中長編み３目編み入れる
	2针中长针并1针	中長編み２目一度
	3针中长针并1针	中長編み３目一度
	1针中长针交叉	中長編み１目交差
长　针		
	长　针	長編み目
	长针的棱针	長編みのうね編み目
	长针的正拉针	長編みの表引き上げ編み目

（续表）

编织符号	中文编织术语	日文编织术语
	长针的反拉针	長編みの裏引き上げ編み目
	2针长针的正拉针并1针	長編みの表引き上げ編み２目一度
	1针放2针长针的正拉针	長編みの表引き上げ編み２目 編み入れる
	1针放2针长针	長編み２目編み入れる
	1针放3针长针	長編み３目編み入れる
	2针长针并1针	長編み２目一度
	3针长针并1针	長編み３目一度
	1针长针交叉	長編み１目交差
	1针长针交叉 （中间加1针锁针）	長編み１目交差 （間に鎖編み１目）
	变形的1针长针交叉 （右上）	変わり長編み１目交差 （右上）
	变形的1针长针交叉 （左上）	変わり長編み１目交差 （左上）
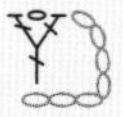	Y字针	Y字編み目
	倒Y字针	逆Y字編み目
	长针的十字针	長編みのクロス編み目
	3针长针的枣形针	長編み３目の玉編み目
	5针长针的枣形针	長編み５目の玉編み目
	5针长针的爆米花针	長編み５目のパプコーン編み目

（续表）

编织符号	中文编织术语	日文编织术语
	其他针法	
	长长针	長々編み目
	三卷长针	三つ巻き長編み目
	其他编织方法	
	圈圈针（短针）	リング編み（細編み）
	圈圈针（长针）	リング編み（長編み）
	狗牙针（3针）	ピコット（3目）
	七宝针	七宝編み目
	方眼针	方眼編み
	网格花	ネット編み
	松叶针	松編み
	贝壳针	シェル編み
	菠萝针	パイナップル編み
	1针中挑起	割って拾う
	整段挑起	束に拾う
	细　绳	コード
	罗纹绳	スレッドコード

注：短针在日本宝库社符号为“十”，在JIS符号为“X”。本表格采用日本宝库社符号。

棒 针

编织符号	中文编织术语	日文编织术语
	基本针法	
|	下　针	表目
—	上　针	裏目
	编织针法	
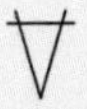	浮针（下针）	浮き目（表目）
	扭针（下针）	ねじり目（表目）
	扭针（上针）	ねじり目（裏目）
○	挂针（下针） [空加针]	かけ目（表目）
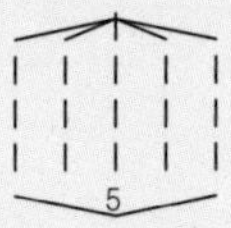	5针5行的爆米花针	パプコーン編み目
	枣形针（钩针中长针编织）	玉編み目
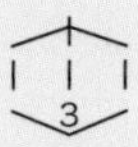	3针3行的爆米花针	パプコーン編み目
∨	滑针（下针）	すべり目（表目）
	滑针（上针）	すべり目（裏目）
	拉针（3行）	引き上げ目（３段）
	扭拉针（2行）	ねじり引き上げ目 (2段)

（续表）

编织符号	中文编织术语	日文编织术语
	交叉针	
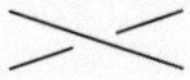	右上1针交叉	右上１目交差
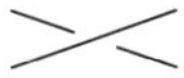	左上1针交叉	左上１目交差
	右上2针交叉	右上２目交差
	左上2针交叉	左上２目交差
	右上3针交叉	右上３目交差
	左上3针交叉	左上３目交差
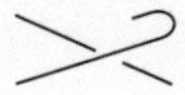	穿过右侧针目交叉	右の目を通す交差
	穿过左侧针目交叉	左の目を通す交差
	右上2针和1针的交叉（2针在上）	２目と１目の右上交差（２目が手前）
	右上1针和2针的交叉（1针在上）	２目と１目の右上交差（１目が手前）
	右上2针和1针上针的交叉	２目と裏１目の右上交差
	左上2针和1针上针的交叉	２目と裏１目の左上交差
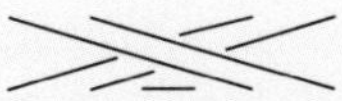	右上2针交叉（中间织1针上针）	右上２目の交差（間に裏目1目）
	加　针	
	右加针（下针）	右増し目（表目）
	右加针（上针）	右増し目（裏目）
	左加针（下针）	左増し目（表目）

（续表）

编织符号	中文编织术语	日文编织术语
	左加针（上针）	左増し目（裏目）
	卷针加针	巻き目で増す
减　针		
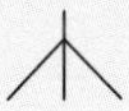	中上3针并1针（下针）	中上３目一度（表目）
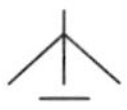	中上3针并1针（上针）	中上３目一度（裏目）
	右上2针并1针（下针）	右上２目一度（表目）
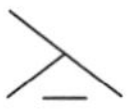	右上2针并1针（上针）	右上２目一度（裏目）
	左上2针并1针（下针）	左上２目一度（表目）
	左上2针并1针（上针）	左上２目一度（裏目）
	右上3针并1针（下针）	右上３目一度（表目）
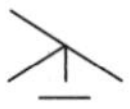	右上3针并1针（上针）	右上３目一度（裏目）
	左上3针并1针（下针）	左上３目一度（表目）
	左上3针并1针（上针）	左上３目一度（裏目）
	绕线编	ノット編み
	泡泡针	ボッブル

（续表）

编织符号	中文编织术语	日文编织术语
	麻花针花样	ケーブル模様
	麻花针	縄編み
	罗纹针	リブ編み、ゴム編み
	单罗纹针编织	1目ゴム編み
	双罗纹针编织	2目ゴム編み
	下针编织	メリヤス編み
	上针编织	裏メリヤス編み
	桂花针编织	かのこ編み
	起伏针编织	ガーター編み
	引返编织	引き返し編み
	加入花样（配色编织）	編み込み模様
	条纹花样	縞
	边缘编织	縁編み
	接合 （针对针，或针对行）	はぎ
	缝合（行对行）	とじ

常见针号对照表

棒针针号对照表

单位（mm）	日本针号	美国针号	英国针号	单位（mm）	日本针号	美国针号	英国针号
1.25			16	3.90	6		
1.50			15	4.00		6	8
2.00		0	14	4.20	7		
2.10	0			4.50	8	7	7
2.25		1	13	4.80	9		
2.40	1			5.00		8	6
2.70	2			5.10	10		
2.75		2	12	5.40	11		
3.00	3		11	5.50		9	5
3.25		3	10	5.70	12		
3.30	4			6.00	13	10	4
3.50		4		6.30	14	10.5	3
3.60	5			6.60	15		
3.75		5	9	7.00	7mm		2

（续表）

单位（mm）	日本针号	美国针号	英国针号	单位（mm）	日本针号	美国针号	英国针号
7.50			1	12.75		17	
8.00	8mm	11	0	15.00	15mm	19	
9.00	9mm	13	00	19.00		35	
10.00	10mm	15	000	20.00	20mm		
12.00	12mm			25.00	25mm	50	

钩针针号对照表

单位（mm）	日本针号	美国针号	英国针号	单位（mm）	日本针号	美国针号	英国针号
2.00	2/0		14	6.00	10/0	J-10	4
2.25		B-1	13	6.50		K-10.5	3
2.50	4/0			7.00	7mm		2
2.75		C-2	12	7.50			1
3.00	5/0		11	8.00	8mm	L-11	0
3.25		D-3	10	9.00	9mm	M/L-13	00
3.50	6/0	E-4	9	10.00	10mm	N/P-15	000
3.75		F-5		12.00	12mm	O/16	
4.00	7/0	G-6	8	15.00	15mm	P/Q	
4.50	7.5/0	7	7	16.00		Q	
5.00	8/0	H-8	6	19.00		S-35	
5.50	9/0	J-9	5				

英汉编织缩略语小词典

英文缩写	英文全拼	中　文
	A	
alt	alternate; alternately	交替地
approx	approximately	大约
	B	
beg	begin; beginning	开始
bet	between	在……中间
BO	bind off	收针
BO	bobble	泡泡针
	C	
C	cable; cross.	交叉针、麻花针
CC	contrasting color	对比色、配色
ch; chs	chain(s)	锁针
ch sp	chain space	锁针空当
cm	centimeter(s)	厘米
cn	cable needle	麻花针（编织交叉针用的辅助工具）
CO	cast on	起针
cont	continue; continuing	继续
	D	
dc	double crochet	长针（美式英语）；短针（英式英语）
dec	decrease; decreasing	减针

（续表）

英文缩写	英文全拼	中　文
dp; dpn	double-pointed needle	双头直棒针
dtr	double treble	3卷长针（美式英语）；长长针（英式英语）
E		
EON	end of needle	棒针终点处
est	established	既定
F		
foll	follow; following	继续
G		
g; gr	gram	克
grp; grps	group; groups	组
g st	garter stitch	起伏针
H		
hdc	half double crochet	中长针（美式英语）
htr	half treble crochet	中长针（英式英语）
hk	hook	钩针
I		
in; ins	inch; inches	英寸
inc	increase; increasing	加针
incl	including	包括
K		
k	knit	下针
kf&b; KFB	knit into the front and back of a stitch	从一针的前方入针织出1下针，再从此针的后方入针织出1下针
ktbl	knit through back loop	下针的扭针
k2tog	knit 2 stitches together	将2针并织成1针下针
k3tog	knit 3 stitches together	将3针并织成1针下针
kwise	knitwise	以下针的入针方式
L		
LC	left cross	向左倾的交叉针（右上交叉针）

（续表）

英文缩写	英文全拼	中　文
LH	left-hand	左手的
lp; lps	loop; loops	线圈
M		
m	meter(s)	米
MB	make bobble	编织泡泡针
MC	main color	主色
meas	measure	测量结果为
m1	make one	扭加1针
N		
No.	number	数字
O		
oz	ounce	盎司
P		
p	purl	上针
pat; pats	pattern; patterns	花样
pfb	purl into the front and back of a stitch	从一针的前方入针织出1上针，再从此针的后方入针织出1上针
pm	place marker	放记号圈
pnso	pass next stitch over	将下一针套收
psso	pass slip stitch over	将滑过的针目套收
prev	previous	之前的
ptbl	purl through back loop	上针的扭针
p2tog	purl two together	将2针并织成1针上针
pwise	purlwise	以上针的入针方式
R		
RC	right cross	向右倾的交叉针（左上交叉针）
rem	remain; remaining	剩余的
rep	repeat	重复
rev St st	reverse stockinette stitch	反面平针

（续表）

英文缩写	英文全拼	中　文
RH	right-hand	右手的
rib	ribbing	罗纹针
rnd; rnds	round; rounds	圈
RS	right side	正面
	S	
sc	single crochet	短针（美式英语）
s2kp	slip two tog, knit one, pass two slip stitches over	（以下针的入针方式）将2针同时滑过不织，织1针下针，再将滑过的针目套收
sk	skip	跳过
skp	slip one, knit one, pass slip stitch over	（以下针的入针方式）将1针滑过不织，织1针下针，再将滑过的针目套收
sk2p	slip one, knit two tog, pass slip stitch over	（以下针的入针方式）将1针滑过不织，将2针并织成1针下针，再将滑过的针目套收
sl	slip	滑过不织
sl1	slip 1 stitch	滑1针不织
sl 1 k	slip 1 stitch knitwise	以下针的入针方式滑1针
sl 1 p	slip 1 stitch purlwise	以上针的入针方式滑1针
sl st	slip stitch	引拔针
sp; sps	space; spaces	空当
ssk	slip the next two stitches knitwise, one at a time, to RH needle, knit these two slipped stitches tog	（以下针的入针方式）滑1针，再滑1针，（相当于交换了两针的针圈方向）从右棒针上将此2针并织成1针
st; sts	stitch; stitches	针目，针数
st st	stockinette stitch	平针
	T	
tbl	through back loop	穿过后线圈
tch; t-ch	turning chain	立针
tog	together	一起，一并
tr	treble	长长针（美式英语）；长针（英式英语）
tr tr	triple treble	3卷长针（英式英语）

（续表）

英文缩写	英文全拼	中　文
W		
WS	wrong side	反面
W&T	wrap and turn	绕线后翻面
wyib	with yarn in back	保持线在织片后方
wyif	with yarn in front	保持线在织片前方
Y		
yo	yarn over	挂针，空针
yo twice; yo2	yarn over two times	挂线绕2圈，织2针空针

英式英语和美式英语编织针法对照

中　文	美式英语	英式英语
锁针	chain	chain
引拔针	slip stitch	slip stitch
短针	single crochet	double crochet
中长针	half double stitch	half treble crochet
长针	double crochet	treble crochet
长长针	treble crochet	double treble crochet
3卷长针	double treble crochet	triple treble crochet
密度	gauge	tension

常见英文编织术语释义

英　文	中　文
A	
above markers	编织至记号圈上方
above rib	编织至罗纹针上方
after ... number of rows have been worked	直至完成所提示的行数
along neck	沿着领窝
as established	按照花样规律
as foll	如下
as for back (front)	按照前片（或后片）
as to knit	以下针的入针方式
as to purl	以上针的入针方式
at the same time	同时
attach	接线
B	
back edge	后片的边缘
beg and end as indicated	编织起点和终点处，根据指引编织
bind off ... sts at beg of next ... rows	在接下来的若干行收掉指定的针数
bind off center ... sts	收掉中间处的指定针数

（续表）

英　文	中　文
bind off from each neck edge	两侧领窝的收针
bind off in rib (or pat)	按照罗纹针（或原花样）进行收针
bind off loosely	松松地收针
bind off rem sts each side	收掉两侧的余下针目
block pieces	将织片定型
Body of sweater is worked in one piece to underarm	指前后身片连接成一片，编织至腋下
both sides at once (or at same time)	两侧同时进行
C	
cap shaping	袖山处的加减针
carry yarn loosely across back of work	在配色编织中，不编织的颜色从后方松松地渡线
cast on ... sts	按指定针数起针
cast on ... sts at beg of next ... rows	从接下来的若干行的编织开始处按指定针数起针
cast on ... sts over bound-off sts	在上一行的收针处，按指定针数起针（通常用于编织了扣眼的下一行）
center back (front) neck	后（前）领窝中心处
change to smaller (larger) needles:	换成细号（粗号）棒针
cont in pat	按花样规律地继续编织
cont in this way	按此方法继续编织
D	
directions are for smaller size with larger size in parentheses	编织说明为多个尺码，括号前为较小尺码，括号内为较大尺码
discontinue pat	停止按照花样编织
do not press	请勿使用熨斗或蒸汽熨斗直接按压织片
do not turn work	不翻面

（续表）

英　文	中　文
E	
each end (side)	同一行的两侧
end last rep	最后一次花样重复按照下文编织至此行结束
end with a RS (WS) row	结束于正面（或反面）行
every other row	每隔一行
F	
fasten off	打结
finished bust	成衣胸围
from beg	从起针行开始（测量）
front edge	前片的边缘
G	
gauge	密度
grafting	接合、缝合
H	
hold to front (back) of work	握在织片的前方（后方）
I	
inc ... sts evenly across row	在同一行中分散加针
inc sts into pat	按照花样的规律加针
in same way (manner)	以同样的方式
J	
join	连接
join 2nd ball (skein) of yarn	接上第 2 团（球）线
join, taking care not to twist sts	连接成环形之前，注意针目不要扭曲
K	
k the knit sts and p the purl sts	将上一行的下针织成下针，将上一行的上针织成上针

（续表）

英　文	中　文
k the purl sts and p the knit sts	将上一行的上针织成下针，将上一行的下针织成上针
keep careful count of rows	仔细确认行数
keeping to pat (or maintaining pat)	保持花样的规律不变
knitwise (or as to knit)	以下针的入针方式
L	
left	左边的；用于织片时，指左身片
lower edge	织片的底边
M	
matching colors	在配色中，协调的或符合配色规律的颜色
multiple of ... sts	总针数为单个花样针数的倍数
multiple of ... sts plus ... extra	总针数为单个花样针数的倍数加一些余数
N	
next row (RS), or (WS)	下一行为正面行，或反面行
O	
on all foll rows	指当下的编织方法适用于接下来的所有行
P	
pick up and k	挑织下针
piece measures approx	织片的参考长度
place marker(s)	放记号圈
preparation row	基础行
pull up a lp	拉出一个线圈
purlwise(or as to purl)	以上针的入针方式
R	
rep between *'s	重复 * 与 * 之间的指引
rep from * around	不断重复从 * 处开始的指引，直至完成环形编织的一圈
rep from *, end ...	不断重复从 * 处开始的指引，直到按指引完成这一行
rep from * to end	不断重复从 * 处开始的指引，直到完成这一行

（续表）

英　文	中　文
rep from ... row	从前文描述中提到的指定行开始重复
rep inc (or dec)	根据前文指引进行加针（或减针）
rep ... times more	再重复指定的次数
reverse pat placement	织片花样的排布与另一片织片对称
reversing shaping	一侧的加针或减针，与另一侧对称
right	右边的；用于织片时，指右身片
right side (or RS)	正面
row	行
row 2 and all WS (even-numbered) rows	指第 2 行及所有的反面行（偶数行）
S	
same as	与……相同
same length as	与……的长度相同
schematic	结构图，标有不同部位的长度单位
selvage st	边针
set in sleeves	上袖子
sew shoulder seam	合肩、肩部缝合
short row	短行，引返编织，引退针
side to side	横向编织
sleeve width at upper arm	上袖宽
slightly stretched	轻轻拉拽
slip marker	将左棒针上的记号圈滑至右棒针
slip marker at beg of every rnd	于每一圈的编织开始处，将左棒针的记号滑至右棒针
slip sts to a holder	将针目滑至别针休针
swatch	样片
T	
through ... row	完成指定的行数
to ... row	编织至指定行数之前
total length	总长度

（续表）

英 文	中 文
turning	翻面
W	
weave in ends	藏线头
when armhole measures	当袖窿高度为……
weave or twist yarns not in use	在横向渡线配色编织时，将暂不编织的颜色做绕线或压线
with RS facing	指织片的正面朝向编织者
with WS facing	指织片的反面朝向编织者
work across sts on holder	编织休针处的针目
work back and forth as with straight needles	像使用直棒针一样来回片织
work even (straight)	不加针不减针继续编织
working in pat	按照花样规律编织
work in rounds	环形编织
work rep of chart ... times	按指定次数重复编织图解中的花样
work to correspond	将当前织片编织至另一块织片的相应位置
work to end	按照花样的规律织完此行
work to ... sts before center	编织至中心处前余指定针数
work to last ... sts	编织至最后余指定针数
work until ... sts from bind-off (or on RH needle)	编织至收针处（或离右棒针上针目）前余指定针数
wrong side (or WS)	反面

我的长草清单

我的长草清单

作品名称		设 计 者	
作品来源		为谁而制	
发芽时间		拔草时间	
心仪线材			
我的想法			

作品名称		设 计 者	
作品来源		为谁而制	
发芽时间		拔草时间	
心仪线材			
我的想法			

作品名称		设 计 者	
作品来源		为谁而制	
发芽时间		拔草时间	
心仪线材			
我的想法			

作品名称		设 计 者	
作品来源		为谁而制	
发芽时间		拔草时间	
心仪线材			
我的想法			

我的长草清单

作品名称		设 计 者	
作品来源		为谁而制	
发芽时间		拔草时间	
心仪线材			
我的想法			

作品名称		设 计 者	
作品来源		为谁而制	
发芽时间		拔草时间	
心仪线材			
我的想法			

作品名称		设 计 者	
作品来源		为谁而制	
发芽时间		拔草时间	
心仪线材			
我的想法			

作品名称		设 计 者	
作品来源		为谁而制	
发芽时间		拔草时间	
心仪线材			
我的想法			

我的长草清单

作品名称		设计者	
作品来源		为谁而制	
发芽时间		拔草时间	
心仪线材			
我的想法			

作品名称		设计者	
作品来源		为谁而制	
发芽时间		拔草时间	
心仪线材			
我的想法			

作品名称		设计者	
作品来源		为谁而制	
发芽时间		拔草时间	
心仪线材			
我的想法			

作品名称		设计者	
作品来源		为谁而制	
发芽时间		拔草时间	
心仪线材			
我的想法			

我的长草清单

作品名称		设 计 者	
作品来源		为谁而制	
发芽时间		拔草时间	
心仪线材			
我的想法			

作品名称		设 计 者	
作品来源		为谁而制	
发芽时间		拔草时间	
心仪线材			
我的想法			

作品名称		设 计 者	
作品来源		为谁而制	
发芽时间		拔草时间	
心仪线材			
我的想法			

作品名称		设 计 者	
作品来源		为谁而制	
发芽时间		拔草时间	
心仪线材			
我的想法			

我的长草清单

作品名称		设 计 者	
作品来源		为谁而制	
发芽时间		拔草时间	
心仪线材			
我的想法			

作品名称		设 计 者	
作品来源		为谁而制	
发芽时间		拔草时间	
心仪线材			
我的想法			

作品名称		设 计 者	
作品来源		为谁而制	
发芽时间		拔草时间	
心仪线材			
我的想法			

作品名称		设 计 者	
作品来源		为谁而制	
发芽时间		拔草时间	
心仪线材			
我的想法			

我的长草清单

作品名称		设 计 者	
作品来源		为谁而制	
发芽时间		拔草时间	
心仪线材			
我的想法			

作品名称		设 计 者	
作品来源		为谁而制	
发芽时间		拔草时间	
心仪线材			
我的想法			

作品名称		设 计 者	
作品来源		为谁而制	
发芽时间		拔草时间	
心仪线材			
我的想法			

作品名称		设 计 者	
作品来源		为谁而制	
发芽时间		拔草时间	
心仪线材			
我的想法			

KNITTING & CROCHET

我的长草清单

作品名称		设 计 者	
作品来源		为谁而制	
发芽时间		拔草时间	
心仪线材			
我的想法			

作品名称		设 计 者	
作品来源		为谁而制	
发芽时间		拔草时间	
心仪线材			
我的想法			

作品名称		设 计 者	
作品来源		为谁而制	
发芽时间		拔草时间	
心仪线材			
我的想法			

作品名称		设 计 者	
作品来源		为谁而制	
发芽时间		拔草时间	
心仪线材			
我的想法			

我的长草清单

作品名称		设 计 者	
作品来源		为谁而制	
发芽时间		拔草时间	
心仪线材			
我的想法			

作品名称		设 计 者	
作品来源		为谁而制	
发芽时间		拔草时间	
心仪线材			
我的想法			

作品名称		设 计 者	
作品来源		为谁而制	
发芽时间		拔草时间	
心仪线材			
我的想法			

作品名称		设 计 者	
作品来源		为谁而制	
发芽时间		拔草时间	
心仪线材			
我的想法			

KNITTING & CROCHET

我的长草清单

作品名称		设 计 者	
作品来源		为谁而制	
发芽时间		拔草时间	
心仪线材			
我的想法			

作品名称		设 计 者	
作品来源		为谁而制	
发芽时间		拔草时间	
心仪线材			
我的想法			

作品名称		设 计 者	
作品来源		为谁而制	
发芽时间		拔草时间	
心仪线材			
我的想法			

作品名称		设 计 者	
作品来源		为谁而制	
发芽时间		拔草时间	
心仪线材			
我的想法			

用心用线 编织我的梦

KNITTING & CROCHET

我的编织手账

用心用线　编织我的梦

作品名称		设 计 者	
作品来源		成品尺寸	
线　　材		用　　量	
工　　具		密　　度	
开工时间		完工时间	

制作要点

我的编织手账

用心用线 编织我的梦

作品名称		设 计 者	
作品来源		成品尺寸	
线　　材		用　　量	
工　　具		密　　度	
开工时间		完工时间	

制作要点

我
的
编
织
手
账

用心用线 编织我的梦

作品名称		设 计 者	
作品来源		成品尺寸	
线　　材		用　　量	
工　　具		密　　度	
开工时间		完工时间	

制作要点

我的编织手账

用心用线　编织我的梦

作品名称		设 计 者	
作品来源		成品尺寸	
线　　材		用　　量	
工　　具		密　　度	
开工时间		完工时间	

制作要点

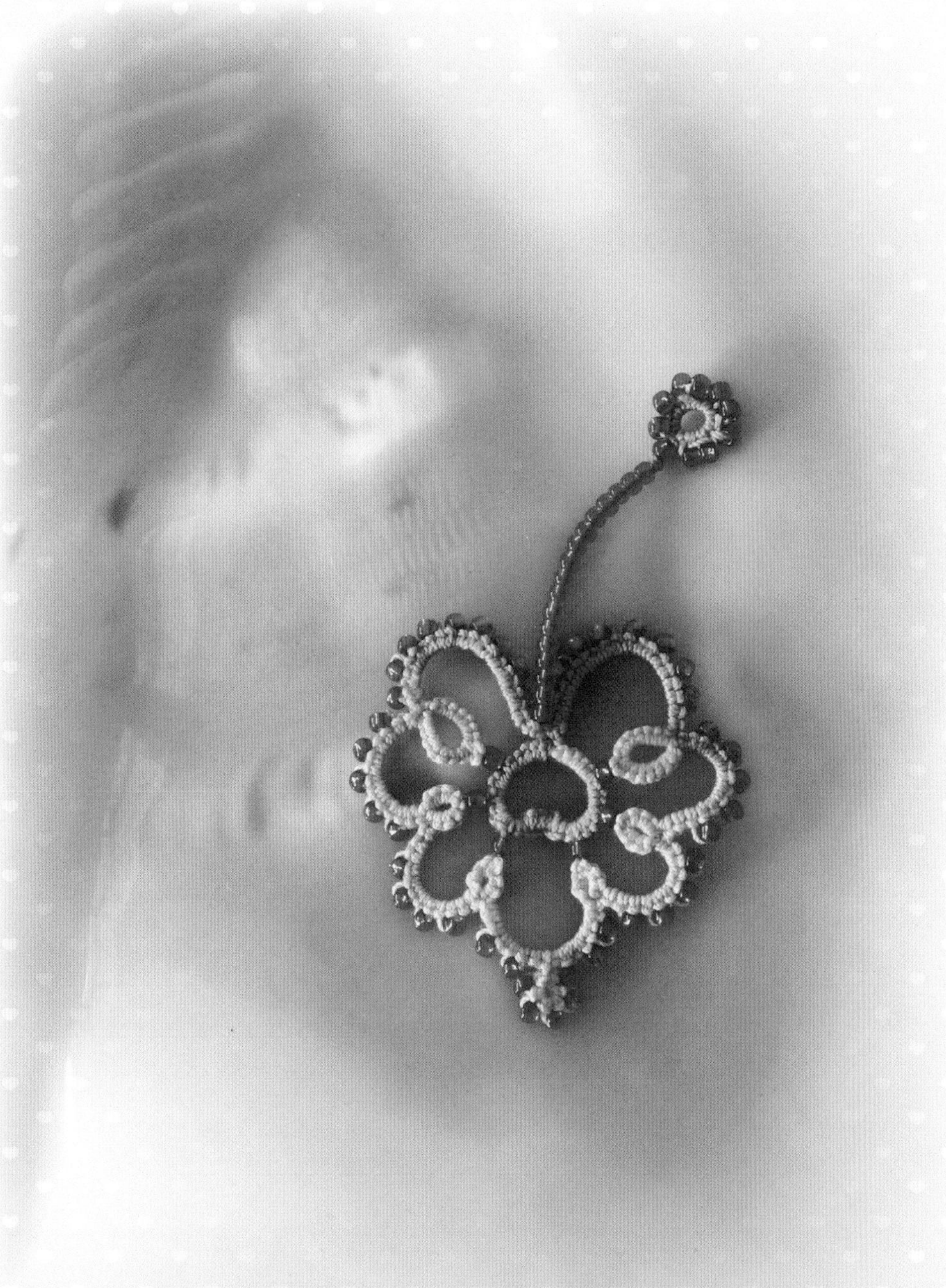

用心用线　编织我的梦

作品名称		设 计 者	
作品来源		成品尺寸	
线　　材		用　　量	
工　　具		密　　度	
开工时间		完工时间	

制作要点

我的编织手账

用心用线　编织我的梦

作品名称		设计者	
作品来源		成品尺寸	
线　　材		用　　量	
工　　具		密　　度	
开工时间		完工时间	

制作要点

用心用线 编织我的梦

作品名称		设计者	
作品来源		成品尺寸	
线　　材		用　　量	
工　　具		密　　度	
开工时间		完工时间	

制作要点

我的编织手账

用心用线　编织我的梦

作品名称		设 计 者	
作品来源		成品尺寸	
线　　材		用　　量	
工　　具		密　　度	
开工时间		完工时间	

制作要点

KNITTING & CROCHET

我的编织手账

用心用线　编织我的梦

作品名称		设计者	
作品来源		成品尺寸	
线材		用量	
工具		密度	
开工时间		完工时间	

制作要点

用心用线　编织我的梦

作品名称		设计者	
作品来源		成品尺寸	
线　材		用　量	
工　具		密　度	
开工时间		完工时间	

制作要点

我的编织手账

用心用线　编织我的梦

作品名称		设计者	
作品来源		成品尺寸	
线　　材		用　　量	
工　　具		密　　度	
开工时间		完工时间	

制作要点

我的编织手账

用心用线　编织我的梦

作品名称		设计者	
作品来源		成品尺寸	
线　材		用　量	
工　具		密　度	
开工时间		完工时间	

制作要点

我的编织手账

用心用线　编织我的梦

作品名称		设计者	
作品来源		成品尺寸	
线　　材		用　　量	
工　　具		密　　度	
开工时间		完工时间	

制作要点

我的编织手账

用心用线　编织我的梦

作品名称		设 计 者	
作品来源		成品尺寸	
线　　材		用　　量	
工　　具		密　　度	
开工时间		完工时间	

制作要点

我的编织手账

用心用线　编织我的梦

作品名称		设 计 者	
作品来源		成品尺寸	
线　　材		用　　量	
工　　具		密　　度	
开工时间		完工时间	

制作要点

我的编织手账

用心用线　编织我的梦

作品名称		设计者	
作品来源		成品尺寸	
线　　材		用　　量	
工　　具		密　　度	
开工时间		完工时间	

制作要点

我的编织手账

我的编织手账

我的编织手账

我的编织手账

我的编织手账

我的编织手账

我的编织手账

KNITTING & CROCHET

我的编织手账

KNITTING & CROCHET

图书在版编目（CIP）数据

我的编织手账 / 李森，舒舒，子衿编. -- 郑州：河南科学技术出版社，2018.3
ISBN 978-7-5349-9087-8

Ⅰ.①我… Ⅱ.①李… ②舒… ③子… Ⅲ.①毛衣－编织－图集 Ⅳ.①TS941.763-64

中国版本图书馆 CIP 数据核字（2017）第 331846 号

出版发行：河南科学技术出版社
地址：郑州市经五路66号　　邮编：450002
电话：（0371）65737028　　65788613
网址：www.hnstp.cn
策划编辑：刘　欣
责任编辑：刘　欣
责任校对：王晓红
织片设计：李　森　舒　舒　子　衿
摄　　影：李　莽　舒　舒
责任印制：张艳芳
印　　刷：北京盛通印刷股份有限公司
经　　销：全国新华书店
幅面尺寸：210mm×285mm　印张：6　字数：100千字
版　　次：2018年3月第1版　　2018年3月第1次印刷
定　　价：98.00元